ISBN 978-3-662-22917-0   ISBN 978-3-662-24859-1 (eBook)
DOI 10.1007/978-3-662-24859-1

Die in den Sitzungsberichten Abt. I und Abt. II der math.-nat. Klasse der Österr. Akad. d. Wiss. erscheinenden Abhandlungen werden auch einzeln abgegeben. Sie können durch jede Buchhandlung oder direkt durch die Auslieferungsstelle der Österreichischen Akademie der Wissenschaften (Wien I, Singerstraße 12) bezogen werden.

Nachfolgende Abhandlungen aus den Fächern **Mathematik** und **Technik** sind erschienen:

1950 (1950) (S II a, Bd. 159):

Hohenberg F.: Zur Geometrie des Funkmeßbildes (mit 2 Abbildungen). 14 Seiten. S 12.40
Jarosch W.: Matrizenbänder, 14 Seiten. S 5.20
Schmid H.: Fehlertheorie der gegenseitigen Orientierung von Luftbildern und Zugrundelegung eines Orientierungspunktgitters (mit 13 Abbildungen), 31 Seiten. S 28.40

1951 (S II a, Bd. 160):

Hohenberg F.: Komplexe Erweiterung der gewöhnlichen Schraubenlinie (mit 1 Abbildung), 14 Seiten. S 7.80
Huber A.: Das Verhalten der Integrale der Gibbs-Duhem-Margules'schen Gleichung für binäre Gemische in der Umgebung ihrer festen singulären Stellen (mit 3 Abbildungen), 16 Seiten. S 10.50
Krames J.: Zur Geometrie der gegenseitigen Einpassung von Luftaufnahmen (mit 4 Abbildungen), 15 Seiten. S 7.--
Parkus H.: Wärmespannungen in Rotationsschalen mit drehsymmetrischer Temperaturverteilung (mit 1 Abbildung), 13 Seiten. S 7.50
Ströher W.: Zur projektiven Differentialgeometrie ebener Kurven, 8 Seiten. S 6.--
Wunderlich W.: Zur Differenzengeometrie der Flächen konstanter negativer Krümmung (mit 8 Abbildungen), 38 Seiten. S 16.--

1952 (S II a, Bd. 161):

Federhofer K.: Über die Eigenschwingungen der Kreiszylinderschale mit veränderlicher Wandstärke, 16 Seiten. S 14.80

1953 (S IIa, Bd. 162):

Nöbauer W.: Über Gruppen von Restklassen nach Restpolynomidealen. S 19.40
Vietoris L.: Der Richtungsfehler einer durch das Adamssche Interpolationsverfahren gewonnenen Näherungslösung einer Gleichung $y' = f(x,y)$. S 8.80
Vietoris L.: Der Richtungsfehler einer durch das Adamssche Interpolationsverfahren gewonnenen Näherungslösung eines Systems von Gleichungen $y' = f_k(x, y_1, y_2 \ldots y_m)$. S 8.80
Wunderlich W.: Über die ebenen Loxodromen (mit 2 Abbildungen). S 6.30

1954 (S II, Bd. 163):

Federhofer K.: Die durch pulsierende Axialkräfte gedrückte Kreiszylinderschale. S 13.40
Raher W. und Selig F.: Die Verwendung der Motorsymbolik in der theoretischen Mechanik S 17.80

1955 (S IIa, Bd. 164):

Federhofer K.: Zur Kinematik des Schleifkurvengetriebes (mit 5 Abbildungen). S 11.--
Ströher W.: Über einen gewissen Typus von Differentialinvarianten der projektiven und der apollonischen Gruppe der Ebene. S 28.40
Wunderlich W.: Doppelloxodromen mit schneidendem Achsenpaar (mit 6 Abbildungen). S 22.50

Über die Normalprojektionen des Simplex eines n=dimensionalen euklidischen Raumes*

Von

Hans Vogler (Wien)

(Vorgelegt in der Sitzung am 9. April 1964)

1.

Die vorliegende Note wurde durch eine von W. Jänichen gestellte Aufgabe (vgl. hiezu [1]) angeregt. Der Aufgabensteller verlangt zu zeigen, daß *bei der Normalprojektion eines Tetraeders die Quadratsumme der Kantenprojektionen genau dann von der Stellung der Bildebene nicht abhängt, wenn das Tetraeder regulär ist.* In den folgenden Zeilen wird vor allem bewiesen, daß *diese Aussage auch für den Simplex euklidischer Räume von beliebig hoher Dimension n (> 1) gilt.* Die Beweisführung erfordert naturgemäß durch den Fortfall der Beschränkung auf die Dimension drei größeren analytischen Aufwand; aus einem an die Spitze gestellten Hauptsatz (d. i. Satz 1) können jedoch die weiteren Aussagen ziemlich zwanglos gefolgert werden.

Zusammenfassend kann festgestellt werden, daß die regulären Simplexe des n-dimensionalen euklidischen Raumes dadurch gekennzeichnet sind, daß die Normalprojektionen ihrer Kanten auf die linearen Unterräume E_k von jeweils gleicher Dimension k ($1 \leq k < n$) eine von der Stellung des linearen Unterraumes E_k unabhängige Quadratsumme besitzen. Um auch die in einem n-dimensionalen euklidischen Raum E_n enthaltenen Simplexe von niedrigerer Dimension $m < n$ auf analoge Weise zu charakterisieren, wird der Begriff des *vollständigen Neigungsmaßes* zweier linearer Unterräume E_k und E_l eingeführt, und zwar

---

* Über dieses Thema hat der Verfasser im Oktober 1963 im Seminar für Darstellende Geometrie an der Technischen Hochschule in Wien und am 17. Jänner 1964 vor der Österreichischen Mathematischen Gesellschaft Vorträge gehalten.

kann der geometrische Gehalt dieser Größe folgendermaßen interpretiert werden: Wir wählen etwa in E_k k zueinander paarweise normale Geraden und bestimmen ihre Neigungswinkel gegen den linearen Unterraum E_l. Unter dem in Rede stehenden Neigungsmaß ist sodann die Quadratsumme der Kosinuswerte dieser Neigungswinkel zu verstehen. Die in einem n-dimensionalen euklidischen Raum E_n enthaltenen regulären Simplexe von beliebig hoher Dimension m ($< n$) sind nun dadurch ausgezeichnet, daß die Normalprojektionen ihrer Kanten auf die linearen Unterräume E_k von jeweils gleicher Dimension k ($1 \leq k < n$) eine nur vom vollständigen Neigungsmaß des linearen Unterraumes E_k gegen den „Trägerraum" des regulären Simplex abhängige Quadratsumme besitzen.

In diesem Ergebnis sind folgende, bisher offenbar kaum bekannte Aussagen über die in einem dreidimensionalen euklidischen Raum E_3 liegenden Dreiecke und Tetraeder enthalten:

a) *Die regelmäßigen Tetraeder sind unter allen anderen Tetraedern dadurch ausgezeichnet, daß die Normalprojektionen ihrer Kanten auf die Ebenen des dreidimensionalen euklidischen „Einbettungsraumes" E_3 eine von der Stellung der Bildebene unabhängige Quadratsumme besitzen* (d. i. die eingangs erwähnte Feststellung von W. Jänichen).

b) *Die in einem dreidimensionalen euklidischen Raum E_3 liegenden gleichseitigen Dreiecke sind die einzigen Dreiecke mit der Eigenschaft, daß die Normalprojektionen ihrer Seiten auf die Ebenen des E_3 eine nur vom Neigungswinkel der Bildebene gegen die Trägerebene des Dreiecks abhängige Quadratsumme besitzen.*

2.

Wir beweisen nun folgenden

Satz 1 (Hauptsatz): *Gegeben sei ein Simplex $\mathfrak{S}_n$ des n-dimensionalen euklidischen Raumes E_n. Werden die vom Eckenschwerpunkt S des Simplex $\mathfrak{S}_n$ zu seinen Eckpunkten A_i ($i = 1, 2, \ldots n+1$) weisenden Vektoren $\mathfrak{a}_i = \overrightarrow{SA_i}$ ($i = 1, 2, \ldots n+1$) normal auf eine beliebige Gerade g von E_n projiziert, so haben die Projektionen genau dann eine von der Richtung der Geraden g unabhängige Quadratsumme, wenn der Simplex $\mathfrak{S}_n$ regulär (d. h. regelmäßig) ist.*

Ohne Beschränkung der Allgemeinheit können wir den Schwerpunkt S des Simplex $\mathfrak{S}_n$ in den Ursprung eines kartesischen Normalkoordinatensystems legen, auf das wir die Punkte des E_n beziehen. Es gilt:

$$\sum_{i=1}^{n+1} \mathfrak{a}_i = 0. \tag{1}$$

Ferner setzen wir für die inneren Produkte der Vektoren $\mathfrak{a}_i$:

$$\mathfrak{a}_i \mathfrak{a}_j = g_{ij}. \tag{2}$$

Die $(n+1)^2$ Zahlen g_{ij} bilden eine quadratische Matrix $\mathfrak{G}$ mit $n+1$ Zeilen (und Spalten), die wegen der Kommutativität des inneren Produktes zweier Vektoren symmetrisch ist. Diese Matrix wollen wir symbolisch mit

$$\mathfrak{G} = (g_{ij}) \tag{3}$$

bezeichnen. Aus Formel (1) folgt unmittelbar, daß

$$\sum_{i=1}^{n+1} g_{ij} = \mathfrak{a}_i \sum_{j=1}^{n+1} \mathfrak{a}_j = 0 \tag{4}$$

und weiters

$$g_{ij} = \sum_{\substack{k=1 \\ k \neq i}}^{n+1} \sum_{\substack{l=1 \\ l \neq j}}^{n+1} g_{kl} \tag{5}$$

gilt. Die Matrix $\mathfrak{G}$ hat also die Eigenschaften, daß

a) die Elemente jeder Zeile (oder Spalte) die Summe 0 haben und

b) die nach Streichung einer Zeile und einer Spalte verbleibenden Elemente das im Kreuzungspunkt dieser Zeile und Spalte stehende Element zur Summe haben.

Wir nennen einen *Simplex $\mathfrak{S}_n$ (hinsichtlich seiner Dimension) ausgeartet*, wenn seine $n+1$ Eckpunkte A_i einer Hyperebene $(n-1)$-ster Dimension des E_n angehören, und zeigen zunächst, daß für einen solchen die Quadratsumme der Normalprojektionen der Vektoren $\mathfrak{a}_i = \overrightarrow{SA_i}$ nicht konstant sein kann. Liegt nämlich der Simplex bereits in einer Hyperebene E_{n-1} (von der Dimension $n-1$) des E_n, so hat die in Rede stehende Quadratsumme für alle zu E_{n-1} normalen Geraden des E_n den Wert 0. Projiziert man hingegen auf einen der Vektoren

$\mathfrak{a}_i$, so hat die betrachtete Quadratsumme einen nicht verschwindenden positiven Wert. Wir können uns demnach beim Beweis des Satzes 1 auf die (hinsichtlich ihrer Dimension) nicht ausgearteten Simplexe $\mathfrak{S}_n$ beschränken, bei welchen je n der $n+1$ Vektoren $\mathfrak{a}_i$ linear unabhängig sind.

Wir betrachten nun eine beliebige Gerade g des E_n, deren Richtung wir durch den Vektor $\mathfrak{a}$ festlegen. Da die Vektoren $\mathfrak{a}_i$ ($i = 1, 2, \ldots n+1$) den gesamten E_n erzeugen, läßt sich auch der Richtungsvektor $\mathfrak{a}$ der Geraden g als lineare Kombination der Vektoren

$$\mathfrak{a} = \sum_{i=1}^{n+1} a_i \, \mathfrak{a}_i \tag{6}$$

darstellen. Diese Darstellung ist allerdings nicht eindeutig.

Für die Länge $|\mathfrak{a}|$ des Vektors $\mathfrak{a}$ findet man:

$$|\mathfrak{a}|^2 = \mathfrak{a}^2 = \sum_{i,j=1}^{n+1} a_i \, a_j \, g_{ij}. \tag{7}$$

Ist nun p_k die Länge der Normalprojektion des Vektors $\mathfrak{a}_k = \overrightarrow{SA_k}$ ($k = 1, 2, \ldots n+1$) auf die Gerade g, so gilt

$$p_k \cdot |\mathfrak{a}| = \mathfrak{a} \, \mathfrak{a}_k = \sum_{i=1}^{n+1} a_i \, g_{ik}, \; k = 1, 2, \ldots n+1. \tag{8}$$

Somit findet man weiters (durch Quadrieren von Formel 8):

$$p_k^2 \cdot \mathfrak{a}^2 = \sum_{i,j=1}^{n+1} a_i \, a_j \, g_{ik} \, g_{jk}, \; k = 1, 2, \ldots n+1. \tag{9}$$

Für die Quadratsumme S_g der Normalprojektionen der Vektoren $\mathfrak{a}_k$ auf die Gerade g gilt mithin:

$$S_g \cdot \mathfrak{a}^2 = \sum_{i,j=1}^{n+1} a_i \, a_j \cdot \sum_{k=1}^{n+1} g_{ik} \, g_{jk}. \tag{10}$$

Soll nun die in Rede stehende Quadratsumme S_g für alle Geraden g des E_n denselben Wert (etwa S_1) annehmen, so muß identisch in den Variablen a_i ($i = 1, 2, \ldots n+1$) gelten:

$$S_1 \cdot \sum_{i,j=1}^{n+1} a_i \, a_j \, g_{ij} \equiv \sum_{i,j=1}^{n+1} a_i \, a_j \cdot \sum_{k=1}^{n+1} g_{ik} \, g_{jk}. \tag{11}$$

Mithin muß die durch Formel (3) eingeführte Matrix $\mathfrak{G}$ der Relation

$$S_1 \cdot \mathfrak{G} = \mathfrak{G}^2 \qquad (12)$$

genügen, denn aus der identischen Gleichung (11) folgt für die Glieder g_{ij} der Matrix $\mathfrak{G}$ die Relation:

$$S_1 \cdot g_{ij} = \sum_{k=1}^{n+1} g_{ik}\, g_{jk}\,. \qquad (13)$$

Beim „Auflösen" der Matrixgleichung (12) ist allerdings zu beachten, daß die Matrix $\mathfrak{G}$ singulär ist und daher keine Inverse $\mathfrak{G}^{-1}$ besitzt. Wir bezeichnen nun mit $\overline{\mathfrak{G}}$ jene Matrix, die aus $\mathfrak{G}$ durch Streichung der $(n+1)$-sten Zeile und Spalte entsteht; die Matrix $\overline{\mathfrak{G}}$ ist regulär, denn sie wird aus den inneren Produkten g_{ij} $(i,j = 1, 2, \ldots n)$ der linear unabhängigen Vektoren $\mathfrak{a}_i$ $(i = 1, 2, \ldots n)$ gebildet. Hiezu sei noch folgendes bemerkt: Ist $\mathfrak{A}$ bzw. $\mathfrak{A}^*$ die quadratische Matrix, welche die Vektoren $\mathfrak{a}_i$ $(i = 1, 2, \ldots n)$ als Zeilen bzw. Spalten besitzt, so gilt

$$\mathfrak{A} \cdot \mathfrak{A}^* = \overline{\mathfrak{G}}, \qquad (14)$$

woraus weiters

$$det\, \overline{\mathfrak{G}} = (det\, \mathfrak{A})^2 \qquad (14\mathrm{a})$$

folgt. Von den Matrizen $\mathfrak{A}$ und $\overline{\mathfrak{G}}$ sind somit entweder beide regulär oder beide singulär.

Wir setzen ferner

$$h_{ij} = g_{n+1, i}\, g_{n+1, j} \qquad (15)$$

und bilden aus diesen Gliedern die symmetrische Matrix

$$\mathfrak{H} = (h_{ij}). \qquad (15\mathrm{a})$$

Aus den Relationen (12) und (13) folgt unmittelbar das Bestehen von:

$$S_i \cdot \overline{\mathfrak{G}} = \overline{\mathfrak{G}}^2 + \mathfrak{H}. \qquad (16)$$

Da $\overline{\mathfrak{G}}$ regulär ist, besitzt sie eine Inverse $\overline{\mathfrak{G}}^{-1}$, deren Glieder g_{ij}^* durch

$$g_{ij}^* = \frac{G_{ij}}{det\, \overline{\mathfrak{G}}} \qquad (17)$$

gegeben sind (vgl. hiezu [2], Teil 2, S. 107f). Dabei bedeutet G_{ij} das algebraische Komplement von g_{ij} in bezug auf die der Matrix $\overline{\mathfrak{G}}$ zugeordnete Determinante.

Durch Multiplikation von (16) mit $\overline{\mathfrak{G}}^{-1}$ erhält man:

$$S_1 \cdot \mathfrak{E} = \overline{\mathfrak{G}} + \mathfrak{H} \cdot \overline{\mathfrak{G}}^{-1}. \tag{18}$$

Wir berechnen nun die Produktmatrix $\mathfrak{M} = \mathfrak{H} \cdot \overline{\mathfrak{G}}^{-1}$ und erhalten wegen (4) für die Glieder der Matrix $\mathfrak{M}$ (vgl. hiezu [2], Teil 2, S. 141):

$$m_{ij} = \frac{1}{det\,\overline{\mathfrak{G}}} \sum_{k=1}^{n} h_{ik}\, G_{kj} = \frac{g_{n+1,i}}{det\,\overline{\mathfrak{G}}} \cdot \sum_{k=1}^{n} g_{n+1,k}\, G_{k,j} =$$
$$= -\frac{g_{n+1,i}}{det\,\overline{\mathfrak{G}}} \sum_{l=1}^{n} \sum_{k=1}^{n} g_{lk}\, G_{kj} = -g_{n+1,i}. \tag{19}$$

Somit genügen die Glieder g_{ij} der Matrix $\mathfrak{G}$ den Beziehungen:

$$\left.\begin{array}{l} S_1 = g_{ii} - g_{n+1,i},\ i = 1, 2, \ldots n \\ 0 = g_{ij} - g_{n+1,i},\ i \neq j,\ i, j = 1, 2, \ldots n. \end{array}\right\} \tag{20a, b}$$

Wegen (20b) stimmen die „gemischten" Glieder g_{ij} ($i \neq j$) der Matrix $\mathfrak{G}$ in jeder Zeile und Spalte überein und haben deshalb alle denselben Wert. Mithin folgt aus (20a), daß auch alle „reinen" Glieder g_{ii} von $\mathfrak{G}$ denselben Wert haben. Wegen der Relation (4) haben wir somit gezeigt, daß nur die Vielfachen der Matrix

$$\mathfrak{F} = (f_{ij})\ \text{mit}\ \begin{array}{l} f_{ii} = 1,\ i = 1, 2, \ldots n+1 \\ f_{ij} = \dfrac{1}{n},\ i \neq j,\ i, j = 1, 2, \ldots n+1 \end{array} \right\} \tag{21}$$

Lösungen der Matrixgleichung (12) sein können. Durch Einsetzen der Matrizen

$$\mathfrak{G} = \lambda \cdot \mathfrak{F} \tag{22}$$

in die Gleichung (12) bestätigt man unschwer, daß alle derartigen Matrizen der Gleichung (12) genügen, wobei wegen der Beziehung (13)

$$S_1 = \frac{1+n}{n} \cdot \lambda \tag{23}$$

gilt; denn es ist

$$S_1 \cdot \lambda = \lambda^2 \sum_{j=1}^{n+1} f_{ij}^2 = \lambda^2 \left(1 + \frac{1}{n}\right). \tag{23a}$$

Da weiters

$$\lambda = g_{ii} = \mathfrak{a}_i^2 > 0,\ etwa\ \mathfrak{a}_i^2 = r^2 \tag{24}$$

gilt, kann λ nur positive Werte annehmen. Da durch die Matrizen der durch (22) gegebenen Gestalt die regulären Simplexe gekennzeichnet sind, ist der eingangs behauptete Satz 1 (oder Hauptsatz) bewiesen, und zwar genügt die Kantenlänge a des regulären Simplex den Relationen

$$a^2 = (\mathfrak{a}_i - \mathfrak{a}_j)^2 = g_{ii} - 2g_{ij} + g_{jj} = 2\lambda\left(1 + \frac{1}{n}\right) = 2\,\frac{n+1}{n}\,r^2. \quad (25)$$

bzw.

$$S_1 = \frac{a^2}{2}. \quad (26)$$

Mithin erhalten wir als Nebenergebnis den

Satz 2: *Projiziert man die vom Schwerpunkt S eines regelmäßigen Simplex $\mathfrak{S}_n$ des n-dimensionalen euklidischen Raumes E_n nach dessen Eckpunkten A_i ($i = 1, 2, \ldots n+1$) weisenden Vektoren $\mathfrak{a}_i = \overrightarrow{SA_i}$ normal auf irgendeine Gerade des E_n, so haben die Normalprojektionen der Vektoren $\mathfrak{a}_i$ unabhängig von der Richtung dieser Geraden den Wert $\frac{a^2}{2}$, wobei a die Länge der Simplexkante bedeutet.*

Als besonders bemerkenswert erscheint auch die Tatsache, daß die in Rede stehende Quadratsumme unabhängig von der Dimension des regelmäßigen Simplex den Wert $\frac{a^2}{2}$ besitzt.

Wir beziehen nun die Eckpunkte A_i des regelmäßigen Simplex $\mathfrak{S}_n$ auf ein kartesisches Koordinatensystem, dessen Nullpunkt im Schwerpunkt S des Simplex $\mathfrak{S}_n$ liegt, und zwar soll der Punkt A_i ($i = 1, 2, \ldots n+1$) durch die Koordinaten

$$A_i = (a_{i1}, a_{i2}, a_{i3}, \ldots a_{in}), \ i = 1, 2, \ldots n+1, \quad (27)$$

gekennzeichnet sein. Projiziert man nun die Vektoren $\mathfrak{a}_i = \overrightarrow{SA_i}$ normal auf die k-te Achse des Koordinatensystems, so erhält man aus (26) folgenden Ausdruck für die Kantenlänge a von $\mathfrak{S}_n$:

$$a^2 = 2\sum_{i=1}^{n+1} a_{ik}^2, \ k = 1, 2, \ldots n. \quad (28)$$

Diese Formel wurde von I. Paasche (vgl. hiezu [3] und [4]) *in einem anderen Zusammenhang bewiesen*, und zwar kam es dem Genannten vor allem darauf an, zu zeigen, daß sich die Länge a der Kante eines regulären Simplex $\mathfrak{S}_n$ allein aus den k-ten Koordinaten ($k = 1, 2, \ldots n$) seiner Eckpunkte berechnen läßt. Implizit wurde damit auch der vorhin angeführte Satz 2 mitbewiesen; neu hingegen ist der wesentliche Inhalt von Satz 1, demzufolge die regelmäßigen Simplexe unter allen anderen Simplexen $\mathfrak{S}_n$ des E_n durch die Konstanz der in Rede stehenden Quadratsumme S_g ausgezeichnet sind. Nebenbei sei die Tatsache erwähnt, daß I. Paasche nicht den Schwerpunkt sondern einen Eckpunkt (etwa A_1) als Ursprung des Koordinatensystems verwendet. Dies verursacht eine unbedeutende Modifikation von Formel (28) (vgl. hiezu [3], S. 64). Es sei noch darauf hingewiesen, daß unsere oben angestellten Überlegungen einen sehr einfachen, direkten Beweis der Formel von I. Paasche enthalten, denn um die Relation (28) zu verifizieren, genügt es offenbar nachzurechnen, daß die dem regulären Simplex zugeordnete Matrix $\mathfrak{G} = r^2 \cdot \mathfrak{F}$ der Matrixgleichung (12) genügt.

3.

Wir betrachten einen Simplex $\mathfrak{S}_n$ des n-dimensionalen euklidischen Raumes E_n, dessen Schwerpunkt S Ursprung eines kartesischen Koordinatensystems ist, auf das wir den E_n beziehen. Die Ortsvektoren $\mathfrak{a}_i$ ($i = 1, 2, \ldots n+1$) mögen die Eckpunkte A_i des Simplex $\mathfrak{S}_n$ festlegen. Für den in der Kante $\overline{A_i A_j}$ liegenden Vektor findet man

$$\overline{A_i A_j} = \mathfrak{a}_j - \mathfrak{a}_i. \tag{29}$$

Die Normalprojektion p_{ij} ($i \neq j$) des Vektors $\overrightarrow{A_i A_j}$ auf eine beliebige Gerade g des E_n, deren Richtung durch den Vektor $\mathfrak{a}$ gegeben ist, findet man durch das innere Produkt

$$p_{ij} \cdot |\mathfrak{a}| = \mathfrak{a}(\mathfrak{a}_j - \mathfrak{a}_i). \tag{30}$$

Die Quadratsumme K_g aller Kantenprojektionen p_{ij} hat somit den Wert:

$$\begin{aligned}K_g \cdot \mathfrak{a}^2 &= \sum_{i>j=1}^{n+1} (\mathfrak{a}\,\mathfrak{a}_i - \mathfrak{a}\,\mathfrak{a}_j)^2 = \\ &= n \sum_{i=1}^{n+1} (\mathfrak{a}\,\mathfrak{a}_i)^2 - 2 \sum_{i>j=1}^{n+1} (\mathfrak{a}\,\mathfrak{a}_i)(\mathfrak{a}\,\mathfrak{a}_j).\end{aligned} \tag{31}$$

Aus der Relation (1) folgt:
$$\left(\mathfrak{a} \cdot \sum_{i=1}^{n+1} \mathfrak{a}_i\right)^2 = \sum_{i=1}^{n+1} (\mathfrak{a}\,\mathfrak{a}_i)^2 + 2 \sum_{i>j=1}^{n+1} (\mathfrak{a}\,\mathfrak{a}_i)(\mathfrak{a}\,\mathfrak{a}_j) = 0; \qquad (32)$$
somit nimmt (31) die Form
$$K_g \cdot \mathfrak{a}^2 = (n+1) \cdot \sum_{i=1}^{n+1} (\mathfrak{a}\,\mathfrak{a}_i)^2 \qquad (33)$$
an. Da weiters
$$S_g \cdot \mathfrak{a}^2 = \sum_{i=1}^{n+1} (\mathfrak{a}\,\mathfrak{a}_i)^2 \qquad (34)$$
gilt, wobei S_g die Quadratsumme der Normalprojektionen p_k der Vektoren $\mathfrak{a}_i$ auf die Gerade g bedeutet, gilt wegen Satz 1 der

Satz 3: *Projiziert man die Kanten eines Simplex $\mathfrak{S}_n$ des n-dimensionalen euklidischen Raumes E_n normal auf eine beliebige Gerade g des E_n, so haben die Normalprojektionen der Simplexkanten genau dann eine von der Richtung der Geraden g unabhängige Quadratsumme, wenn der Simplex $\mathfrak{S}_n$ regulär ist.*

Ein Vergleich der Relationen (33) und (34) zeigt, daß
$$K_g = (n+1) \cdot S_g \qquad (35)$$
gilt. Somit folgt aus Satz 2 der

Satz 4: *Projiziert man die Kanten eines regelmäßigen Simplex $\mathfrak{S}_n$ des n-dimensionalen euklidischen Raumes E_n normal auf eine beliebige Gerade g des E_n, so haben die Kantenprojektionen unabhängig von der Richtung der Geraden eine Quadratsumme mit dem Wert $\frac{n+1}{2} a^2$, wobei a die Kantenlänge des regulären Simplex bedeutet.*

4.

Wir wollen nun einige Bemerkungen über das *Polarsystem einer regulären Hyperfläche zweiter Ordnung des n-dimensionalen projektiven Raumes P_n* (vgl. hiezu [2], Teil 2, § 23 und § 24) mit der Gleichung
$$\sum_{i,j=0}^{n} C_{ij} x_i x_j = 0 \; \; mit \; \; \det C_{ij} \neq 0 \qquad (36)$$
einschalten. Jedem Punkt P mit den projektiven Koordinaten (p_0 : $p_1 : \ldots : p_n$) wird vermöge

$$\sum_{i,j=0}^{n} C_{ij}\, p_i\, x_j = 0 = \sum_{j=0}^{n} x_j \cdot \sum_{i=0}^{n} C_{ij}\, p_i \qquad (37)$$

eine Polarhyperebene π zugeordnet. Alle Punkte $\bar{P}$ von π nennen wir zu P konjugierte Punkte. *Ist Q_k ein k-dimensionaler linearer Unterraum $(0 \leq k \leq n-1)$* — ein einzelner Punkt des P_n kann als Unterraum der Dimension 0 angesehen werden — *so erfüllen* — wie man sich leicht überzeugt — *die zu allen Punkten von Q_k konjugierten Punkte einen Unterraum der Dimension $n - k - 1$.* Dieser lineare Unterraum Q^*_{n-k-1} soll der zu Q_k konjugierte Unterraum heißen. Für diese wohlbekannte Tatsache geben wir der Vollständigkeit halber den nachfolgenden *Beweis*: Alle Punkte aus dem linearen Unterraum Q_k lassen sich aus $k+1$ linear unabhängigen Punkten durch Linearkombination herleiten. Sind nun P_j ($j = 1, 2, \ldots k+1$) linear unabhängige Punkte von Q_k, so bestimmen ihre Polarhyperebenen ein lineares, homogenes Gleichungssystem vom Rang $k+1$ in den $n+1$ Unbekannten x_i ($i = 0, 1, 2 \ldots n$). Dieses System hat nach den Aussagen der linearen Algebra $n-k$ linear unabhängige Lösungen. Die diesen Lösungen entsprechenden Punkte bestimmen einen linearen Unterraum der Dimension $n-k-1$, der in jeder einem Punkt von Q_k zugeordneten Polarhyperebenen liegt, wzbw.

Der *Normalismus* im n-dimensionalen euklidischen Raum E_n wird durch das *Polarsystem* der in der unendlichfernen Hyperebene liegenden *absoluten Fläche* geregelt. Dem unendlichfernen $(k-1)$-dimensionalen Unterraum eines k-dimensionalen linearen (eigentlichen) Unterraumes des E_n wird vermöge des Polarsystems an der absoluten Hyperfläche ein unendlichferner Unterraum als konjugierter zugewiesen, dessen Dimension gleich $(n-1) - (k-1) - 1 = n-k-1$ ist. Somit gilt: *Die zu einem eigentlichen k-dimensionalen linearen Unterraum des E_n normalen Geraden erfüllen* — sofern sie durch einen Punkt des E_n gehen — *einen linearen Unterraum der Dimension $n-k$.*

5.

Wir beweisen nun folgenden Hilfssatz über die Normalprojektion von Vektoren:

Hilfssatz 1: *Gegeben seien l Vektoren $\mathfrak{v}_i$ ($i = 1, 2, \ldots l$) des E_n. Haben die Normalprojektionen dieser l Vektoren auf die k-dimensionalen linearen*

Unterräume des E_n dieselbe Quadratsumme, so gilt dies auch für die Normalprojektionen auf die linearen Unterräume der Dimension $n-k$.

Der Beweis beruht darauf, daß sich jeder Vektor $\mathfrak{b}_i$ des E_n in eine zu einem linearen Unterraum Q_k der Dimension k parallele Komponente $\mathfrak{b}_i^*$ und in eine zu Q_k normale Komponente $\mathfrak{b}_i^\circ$ zerlegen läßt. Letztere ist zu allen zu Q_k normalen Unterräumen Q^*_{n-k} parallel. Da die Beziehung

$$\mathfrak{b}_i^2 = \mathfrak{b}_i^{*2} + \mathfrak{b}_i^{\circ 2} \quad (i=1, 2, \ldots l) \tag{38}$$

gilt, ist der weitere Beweis trivial.

In Verbindung mit den Sätzen 1 und 3 folgt aus dem Hilfssatz 1 der

Satz 1a: *Gegeben sei ein Simplex $\mathfrak{S}_n$ des n-dimensionalen euklidischen Raumes E_n. Werden die vom Schwerpunkt S seiner Eckpunkte A_i ($i = 1, 2, \ldots n + 1$) zu diesen weisenden Vektoren $\mathfrak{a}_i = \overrightarrow{SA_i}$ normal auf eine Hyperebene, und zwar auf einen linearen $(n-1)$-dimensionalen Unterraum des E_n, projiziert, so ist die Quadratsumme der Normalprojektionen dieser Vektoren genau dann von der Stellung der Hyperebene unabhängig, wenn der Simplex $\mathfrak{S}_n$ regulär ist.*

Weiters gilt

Satz 3a: *Gegeben sei ein Simplex $\mathfrak{S}_n$ des n-dimensionalen euklidischen Raumes E_n. Die Normalprojektionen seiner Kanten auf eine Hyperebene des E_n haben genau dann eine von der Stellung der Hyperebene unabhängige Quadratsumme, wenn der Simplex $\mathfrak{S}_n$ regulär ist.*

Der letzte Satz stellt eine Verallgemeinerung der in der Einleitung dieser Note zitierten Aufgabe von W. Jänichen *dar, denn durch Spezialisierung des Satzes 3a erhält man*

Satz 3b: *Projiziert man im dreidimensionalen euklidischen Raum E_3 die Kanten eines Tetraeders normal auf eine Ebene, so hängt die Quadratsumme der Kantenprojektionen genau dann nicht von der Stellung der Bildebene ab, wenn das Tetraeder regulär ist.*

Wir beweisen nun

Hilfssatz 2: *Gegeben seien l Vektoren $\mathfrak{b}_i$ ($i = 1, 2, \ldots l$) des n-dimensionalen euklidischen Raumes E_n. Haben die Normalprojektionen dieser Vektoren auf die Geraden des E_n eine von der Richtung der Geraden un-*

abhängige Quadratsumme, so gilt dies auch in gleicher Weise von den linearen Unterräumen E_k mit derselben Dimension $k < n$.

In jeden Unterraum E_k der Dimension k lassen sich k paarweise zueinander normale Richtungen finden. Sind $\mathfrak{b}_i^{(j)}$ ($j = 1, 2, \ldots k$) die zu diesen Richtungen parallelen Komponenten des Vektors $\mathfrak{b}_i$, so gilt für die Länge $\mathfrak{b}_i^*$ der Projektion von $\mathfrak{b}_i$ auf E_k die Relation

$$\mathfrak{b}_i^{*2} = \sum_{j=1}^{k} \mathfrak{b}_i^{(j)2}, \tag{39}$$

womit der Beweis erbracht ist.

Somit gilt auch

Satz 2a: *Projiziert man die vom Schwerpunkt S eines regelmäßigen Simplex $\mathfrak{S}_n$ des n-dimensionalen euklidischen Raumes E_n nach den Eckpunkten A_i weisenden Vektoren $\mathfrak{a}_i = \overrightarrow{SA_i}$ normal auf einen k-dimensionalen linearer Unterraum E_k, so haben die Normalprojektionen der Vektoren unabhängig von der Stellung des linearen Unterraumes E_k den Wert $\dfrac{k}{2} a^2$, wobei a die Länge der Simplexkante angibt.*

Weiters findet man aus Satz 4 den

Satz 4a: *Projiziert man die Kanten eines regelmäßigen Simplex $\mathfrak{S}_n$ des n-dimensionalen euklidischen Raumes E_n normal auf einen linearen Unterraum E_k der Dimension k, so haben diese Normalprojektionen unabhängig von der Stellung des linearen Unterraumes E_k die Quadratsumme $\dfrac{k(n+1)}{2} a^2$, wobei a die Länge der Simplexkante bezeichnet.*

Wir beweisen nun noch den

Hilfssatz 3: *Gegeben seien l Vektoren $\mathfrak{b}_i$ ($i = 1, 2, \ldots l$) des n-dimensionalen euklidischen Raumes E_n. Haben die Normalprojektionen dieser Vektoren auf alle linearen Unterräume E_k der Dimension k eine von der Stellung des E_k unabhängige Quadratsumme, so gilt dies auch in gleicher Weise für die Normalprojektionen dieser Vektoren auf die Geraden des E_n.*

Wegen der Gültigkeit des Hilfssatzes 1 können wir für die Dimension der in Rede stehenden linearen Unterräume E_k $k \leqq n/2$ annehmen. Daraus folgt, das dieser Hilfssatz erst für $n \geqq 4$ ein nicht bekanntes Ergebnis liefert. Es seien nun zwei Geraden g und h des E_n gegeben.

Ohne Beschränkung der Allgemeinheit können wir die Geraden g und h als schneidend voraussetzen, denn eine Parallelverschiebung ändert nichts an den Längen der auf ihnen vorhandenen Normalprojektionen der Vektoren $\mathfrak{b}_i$. Die Verbindungsgerade der Fernpunkte von g und h bestimmt einen bezüglich der absoluten Hyperfläche konjugierten (unendlichfernen) Unterraum $\mathfrak{U}$ der Dimension $n-3 \geq 1$. Da $k \leq n/2$ ist, gilt für $n \geq 4$

$$2n \geq n+4 \quad \text{und} \quad n-3 \geq \frac{n}{2} - 1, \tag{40a}$$

woraus

$$k-1 \leq \frac{n}{2} - 1 \leq n-3 \tag{40b}$$

folgt.

Wir können also in $\mathfrak{U}$ $k-1$ linear unabhängige Punkte finden. Verbindet man die so bestimmten Punkte mit dem Schnittpunkt $G = [g, h]$, so entsteht ein $(k-1)$-dimensionaler linearer Unterraum $\mathfrak{V}$, der sowohl auf die Gerade g als auch auf die Gerade h normal steht. Die Verbindungsräume von g und h mit $\mathfrak{V}$ sind k-dimensional. Da nach Voraussetzung der Normalprojektionen der l Vektoren $\mathfrak{b}_i$ auf alle k-dimensionalen linearen Unterräume dieselbe Quadratsumme liefert, gilt dies auch — wie man leicht bestätigt — für die Normalprojektionen auf die Geraden g und h, wzbw.

Aus den vorausgeschickten Hilfssätzen folgt der

1. Alternativsatz: *Gegeben ist ein System von l Vektoren $\mathfrak{b}_i$ ($i = 1, 2, \ldots l$) des n-dimensionalen euklidischen Raumes E_n. Die Normalprojektionen dieser Vektoren $\mathfrak{b}_i$ auf die linearen Unterräume E_k von jeweils gleicher Dimension $k < n$ besitzen entweder stets oder nie dieselbe Quadratsumme.*

In Verbindung mit Satz 1 und Satz 3 folgt aus diesem Alternativsatz der

Satz 5: *Gegeben sei ein Simplex $\mathfrak{S}_n$ des n-dimensionalen euklidischen Raumes E_n. Projiziert man die vom Schwerpunkt S seiner Ecken A_i zu diesen weisenden Vektoren $\mathfrak{a}_i = \overrightarrow{SA_i}$ normal auf einen linearen Unterraum k-ter Dimension ($1 \leq k < n$), so stimmt die Quadratsumme dieser Normalprojektionen genau dann für alle linearen Unterräume der Dimension k überein, wenn der Simplex $\mathfrak{S}_n$ regulär ist.*

Weiters gilt

Satz 6: *Gegeben sei ein Simplex $\mathfrak{S}_n$ des n-dimensionalen euklidischen Raumes E_n. Projiziert man die Kanten des Simplex $\mathfrak{S}_n$ normal auf einen linearen Unterraum der Dimension k $(1 \leq k < n)$, so stimmt die Quadratsumme der Kantenprojektionen für alle linearen Unterräume der Dimension k genau dann überein, wenn der Simplex $\mathfrak{S}_n$ regelmäßig ist.*

Zusammenfassend sei festgestellt, *daß der reguläre Simplex des n-dimensionalen euklidischen Raumes E_n unter allen anderen Simplexen dadurch gekennzeichnet ist, daß die Normalprojektionen seiner Kanten auf die linearen Unterräume von jeweils gleicher Dimension k $(1 \leq k < n)$ eine von der Stellung des linearen Unterraumes unabhängige Quadratsumme besitzen.*

Wir wollen nun für die regelmäßigen Simplexe der euklidischen Räume E_n mit der Dimension $n \leq 4$ die in Rede stehende konstante Quadratsumme in der nachstehenden Tabelle angeben; dabei bedeutet $S_n{}^k$ $(k < n)$ die Quadratsumme der Kantenprojektionen des n-dimensionalen regelmäßigen Simplex $\mathfrak{S}_n$ auf die linearen Unterräume E_k der Dimension k.

	$k = 1$	$k = 2$	$k = 3$	$k = 4$
$n = 2$ gleichseitiges Dreieck	$\dfrac{3\,a^2}{2}$	$3\,a^2$		
$n = 3$ regelmäßiges Tetraeder	$2\,a^2$	$4\,a^2$	$6\,a^2$	
$n = 4$ regelmäßiger Simplex	$\dfrac{5\,a^2}{2}$	$5\,a^2$	$\dfrac{15\,a^2}{2}$	$10\,a^2$

Tabelle für die Werte $S_n{}^k$

Dabei bedeutet a die Länge der Kante des regelmäßigen Simplex. Die in jeder Zeile am weitesten rechts stehende Zahl gibt die Quadratsumme aller Kanten der regelmäßigen Simplexe $\mathfrak{S}_n$ an.

6.

Wir betrachten anschließend einen m-dimensionalen euklidischen Raum E_m, der in einen gleichartigen Raum E_n der Dimension n ($> m$) eingebettet ist. Es ist stets möglich, im Einbettungsraum E_n ein solches orthonormiertes n-Bein $\{e_i\}$, $i = 1, 2, \ldots n$ zu finden, daß seine „ersten m-Beine $\{e_i\}$, $i = 1, 2, \ldots m$" den Raum E_m erzeugen. Stützt man auf dieses n-Bein ein kartesisches Normalkoordinatensystem des E_n, so erhält man die Normalprojektion $\bar{\mathfrak{a}}$ eines Vektors $\mathfrak{a} = (a_1, a_2, \ldots a_n)$ auf den Unterraum E_m, indem man die $n - m$ Koordinaten a_{m+1}, $a_{m+2}, \ldots a_n$ Null setzt. Es gilt somit:

$$\bar{\mathfrak{a}} = (a_1, a_2, \ldots a_m, \underbrace{0, 0, \ldots 0}_{n-m \text{ Stellen}}). \tag{41}$$

Ist g eine beliebige Gerade des E_n — ihre Richtung sei durch den Einheitsvektor

$$\mathfrak{e} = (e_1, e_2, \ldots e_m, e_{m+1}, \ldots e_n) \tag{42}$$

festgelegt —, so wollen wir unter ihrem *Neigungswinkel* χ in bezug auf den linearen Unterraum E_m jenen Winkel verstehen, den sie mit ihrer Normalprojektion $\bar{g}$ auf E_m einschließt. Die Richtung der Geraden $\bar{g}$ ist durch den (nicht normierten) Vektor

$$\bar{\mathfrak{e}} = (e_1, e_2, \ldots e_m, \underbrace{0, \ldots 0}_{n-m \text{ Stellen}}) \tag{43}$$

mit

$$\bar{\mathfrak{e}}^2 = \sum_{i=1}^{m} e_i^2 \tag{44}$$

festgelegt. Für den Kosinus des Neigungswinkels $\chi = \measuredangle\, \overline{gg}$ gilt wegen

$$(\mathfrak{e}, \bar{\mathfrak{e}}) = \sum_{i=1}^{m} e_i^2: \tag{44a}$$

$$\cos \chi = \frac{(\mathfrak{e}, \bar{\mathfrak{e}})}{\sqrt{\bar{\mathfrak{e}}^2}} = \sqrt{\bar{\mathfrak{e}}^2} = \sqrt{\sum_{i=1}^{m} e_i^2}. \tag{45}$$

Ist $\mathfrak{a} = (v_1, v_2, \ldots v_m, 0 \ldots 0)$ ein beliebiger Vektor des E_m und p bzw. $\bar{p}$ die Länge seiner Normalprojektion auf die Gerade g bzw. $\bar{g}$, so gilt:

$$p = \sum_{i=1}^{m} e_i v_i = \overline{p} \cdot \sqrt{\overline{\mathfrak{e}^2}}, \tag{46}$$

woraus

$$p = \overline{p} \cdot \cos \chi \tag{47}$$

folgt.

Somit gilt der

Hilfssatz: 4: *Gegeben sei ein System von l Vektoren $\mathfrak{b}_i$ $(i = 1, 2, \ldots l)$ eines m-dimensionalen euklidischen Raumes E_m, der in einen gleichartigen Raum E_n der Dimension $n > m$ eingebettet ist. Besitzen die Vektoren $\mathfrak{b}_i$ auf allen Geraden g des E_m Normalprojektionen mit derselbe Quadratsumme, so hängt die Quadratsumme der Normalprojektionen auf eine (nicht im E_m enthaltene) Gerade des Einbettungsraumes E_n nur von deren Neigungswinkel χ in bezug auf den Unterraum E_m des E_n ab. Von diesem Sachverhalt gilt auch die Umkehrung.*

Aus Satz 1 und Satz 3 folgt in Verbindung mit Hilfssatz 4:

Satz 7: *Gegeben sie ein Simplex $\mathfrak{S}_m$ des m-dimensionalen, euklidischen Raumes E_m, der in einen gleichartigen Raum E_n der Dimension n eingebettet ist. Projiziert man die vom Schwerpunkt S des Simplex $\mathfrak{S}_m$ nach dessen Eckpunkten A_i $(i = 1, 2, \ldots m + 1)$ weisen den Vektoren $\mathfrak{a}_i = \overrightarrow{SA_i}$ normal auf irgendeine Gerade g des Einbettungsraumes E_n, so hängt die Quadratsumme ihrer Normalprojektionen genau dann nur vom Neigungswinkel χ der Geraden in bezug auf den linearen Unterraum E_m ab, wenn der Simplex $\mathfrak{S}_m$ regulär ist,*

und

Satz 8: *Gegeben sei ein Simplex $\mathfrak{S}_m$ des m-dimensionalen euklidischen Raumes E_m, der in einen gleichartigen Raum E_n der Dimension n eingebettet ist. Projiziert man die Kanten des Simplex $\mathfrak{S}_m$ normal auf irgendeine Gerade g des Einbettungsraumes E_n, so hängt die Quadratsumme der Kantenprojektionen genau dann nur vom Neigungswinkel χ der Geraden g in bezug auf den linearen Unterraum E_m ab, wenn der Simplex regulär ist.*

In den Sätzen 7 und 8 sind alle Sonderfälle eingeschlossen, bei denen g dem E_m angehört, also $\chi = 0$ gilt.

Aus Satz 2 bzw. Satz 4 folgt weiters in Verbindung mit Formel (47) der

Satz 9: *Gegeben sei ein regulärer Simplex $\mathfrak{S}_m$ des m-dimensionalen euklidischen Raumes E_m, der in einen gleichartigen Raum E_n der Dimension n eingebettet ist. Projiziert man die vom Schwerpunkt S des Simplex $\mathfrak{S}_m$ nach dessen Eckpunkten A_i $(i = 1, 2, \ldots m + 1)$ weisenden Vektoren $\mathfrak{a}_i = \overrightarrow{SA_i}$ normal auf irgendeine Gerade g des Einbettungsraumes E_n, so haben die Normalprojektionen dieser Vektoren die Quadratsumme*

$$\frac{a^2}{2} \cos^2 \chi,$$

wobei a die Länge der Simplexkante und χ den Neigungswinkel der Geraden g in bezug auf den linearen Unterraum E_m bedeutet, und der

Satz 10: *Gegeben sei ein regulärer Simplex $\mathfrak{S}_m$ des m-dimensionalen euklidischen Raumes E_m, der in einen ebensolchen Raum E_n der Dimension n eingebettet ist. Projiziert man die Kanten des Simplex $\mathfrak{S}_m$ normal auf irgendeine Gerade g des Einbettungsraumes E_n, so haben die Kantenprojektionen die Quadratsumme*

$$\frac{m+1}{2} \cdot a^2 \cdot \cos^2 \chi,$$

wobei a die Länge der Simplexkante und χ den Neigungswinkel der Geraden g in bezug auf den linearen Unterraum E_m bedeutet.

Insbesondere gilt demnach

Satz 10a: *Projiziert man die Seiten eines im dreidimensionalen euklidischen E_3 enthaltenen gleichseitigen Dreiecks normal auf irgendeine Gerade g des E_3, so haben die Normalprojektionen der Seiten die Quadratsumme*

$$\frac{3 a^2}{2} \cos^2 \chi,$$

wobei a die Seitenlänge und χ den Neigungswinkel der Geraden g in bezug auf die Eben des Dreiecks bedeutet.

Es sei noch darauf hingewiesen, daß Satz 9 bzw. Satz 10 im Sonderfall $\chi = 0$ mit **Satz 2** bzw. **Satz 4** identisch ist.

7.

Wir definieren zunächst den *Neigungswinkel* ψ einer Hyperebene E_{n-1} des euklidischen Raumes E_n in bezug auf einen linearen Unterraum E_m der Dimension $m < n$, und zwar wollen wir unter dem in Rede stehenden Neigungswinkel ψ das Komplement des Neigungswinkels einer zu E_{n-1} normalen Geraden u in bezug auf den linearen Unterraum E_m verstehen. Ist

$$\mathfrak{u} = (u_1, u_2, \ldots u_n) \tag{48}$$

der normierte Normalvektor der Hyperebene E_{n-1} und sind

$$x_{m+1} = x_{m+2} = \ldots x_n = 0 \tag{49}$$

die Gleichungen des linearen Unterraumes E_m (vgl. Anfang des Abschnittes 6), so sei der Neigungswinkel ψ der Hyperebene E_{n-1} in bezug auf den linearen Unterraum E_m durch

$$\sin^2 \psi = \cos^2 \chi = \sum_{i=1}^{m} u_i^2 \tag{50a}$$

bzw.

$$\cos^2 \psi = \sum_{i=m+1}^{n} u_i^2 \tag{50b}$$

gegeben. Ist $\mathfrak{v} = (v_1, v_2, \ldots v_n)$ ein beliebiger Vektor des E_m und p bzw. p^* die Länge seiner Normalprojektion auf die Hyperebene E_{n-1} bzw. auf eine zu E_{n-1} normale Gerade u, so gilt:

$$\mathfrak{v}^2 = p^2 + p^{*2}. \tag{51}$$

Ist weiters $\bar{u}$ die Normalprojektion der Geraden u auf den linearen Unterraum E_m und $\bar{p}$ die Länge der Normalprojektion des Vektors $\mathfrak{v}$ auf die Gerade $\bar{u}$ von E_m, so gilt (vgl. hiezu Abschnitt 6, Formel 47):

$$p^{*2} = \bar{p} \cos^2 \chi, \tag{52}$$

woraus

$$p^2 = \mathfrak{v}^2 - \bar{p}^2 \sin^2 \psi \tag{53}$$

folgt. Somit gilt

Hilfssatz 5: *Gegeben sei ein System von l Vektoren $\mathfrak{b}_i$ ($i = 1, 2, \ldots l$) eines m-dimensionalen euklidischen Raumes E_m, der in einen gleichartigen Raum E_n der Dimension n eingebettet ist. Besitzen die Vektoren $\mathfrak{b}_i$ auf allen Geraden g des E_m Normalprojektionen mit derselben Quadratsumme, so hängt die Quadratsumme der Normalprojektionen auf irgendeine Hyperebene E_{n-1} des Einbettungsraumes E_n nur von deren Neigungswinkel ψ in bezug auf den linearen Unterraum E_m des E_n ab. Von diesem Sachverhalt gilt auch die Umkehrung.*

Aus Satz 1 bzw. Satz 3 folgt somit in Verbindung mit dem Hilfssatz 5 der

Satz 11: *Gegeben sei ein Simplex $\mathfrak{S}_m$ des m-dimensionalen euklidischen Raumes E_m, der in einem gleichartigen Raum E_n mit der Dimension n eingebettet sei. Projiziert man die vom Schwerpunkt S des Simplex $\mathfrak{S}_m$ nach dessen Eckpunkten A_i ($i = 1, 2, \ldots m + 1$) weisenden Vektoren $\mathfrak{a}_i = \overrightarrow{SA_i}$ normal auf irgendeine Hyperebene des Einbettungsraumes E_n, so hängt die Quadratsumme der Normalprojektionen dieser Vektoren genau dann nur von der Neigung der Hyperebene in bezug auf den linearen Unterraum E_m ab, wenn der Simplex $\mathfrak{S}_m$ regulär ist,*
bzw. der

Satz 12: *Gegeben sei ein Simplex $\mathfrak{S}_m$ des m-dimensionalen euklidischen Raumes E_m, der in einen gleichartigen Raum E_n der Dimension n eingebettet sei. Projiziert man die Kanten des Simplex $\mathfrak{S}_m$ normal auf irgendeine Hyperebene des Einbettungsraumes E_n, so hängt die Quadratsumme der Kantenprojektionen genau dann nur von der Neigung der Hyperebene E_{n-1} in bezug auf den linearen Unterraum E_m des E_n ab, wenn der Simplex regulär ist.*

Weiters folgt aus Satz 2 bzw. Satz 4 und Gleichung (53) der

Satz 13: *Gegeben sei ein regulärer Simplex $\mathfrak{S}_m$ des m-dimensionalen euklidischen Raumes E_m, der in einen n-dimensionalen Raum E_n von gleicher Art eingebettet sei. Projiziert man die vom Schwerpunkt S des Simplex $\mathfrak{S}_m$ nach seinen Eckpunkten A_i ($i = 1, 2, \ldots m + 1$) weisenden Vektoren $\mathfrak{a}_i = \overrightarrow{SA_i}$ normal auf irgendeine Hyperebene E_{n-1} des Einbettungsraumes E_n, so haben die Normalprojektionen dieser Vektoren die Quadratsumme*

$$\frac{a^2}{2}(m - \sin^2 \psi),$$

wobei a die Länge der Simplexkante und ψ den Neigungswinkel der Hyperebene E_{n-1} in bezug auf den linearen Unterraum E_m bedeutet,
und der

Satz 14: *Gegeben sei ein regulärer Simplex $\mathfrak{S}_m$ des m-dimensionalen euklidischen Raumes E_m, der in einen n-dimensionalen Raum E_n von gleicher Art eingebettet sei. Projiziert man die Kanten des Simplex nor-*

mal auf irgendeine Hyperebene E_{n-1} des Einbettungsraumes E_n, so hat die Quadratsumme der Kantenprojektionen den Wert

$$\frac{m+1}{2} a^2 (m - \sin^2 \psi),$$

wobei a die Länge der Simplexkante und ψ den Neigungswinkel der Hyperebene E_{n-1} in bezug auf den linearen Unterraum E_m bedeutet.

Für das gleichseitige Dreieck gilt demnach der

Satz 14a: *Projiziert man die Seiten eines in einem euklidischen E_3 enthaltenen gleichseitigen Dreiecks normal auf irgendeine Ebene π des E_3, so haben die Normalprojektionen der Seiten die Quadratsumme*

$$\frac{3 a^2}{2} (2 - \sin^2 \psi),$$

wobei a die Seitenlänge des Dreiecks und ψ den Neigungswinkel der Bildebene π gegen die Trägerebene des Dreiecks bedeutet.

Zusammenfassend kann demnach festgestellt werden, daß die in einem n-dimensionalen euklidischen Raum E_n enthaltenen regulären Simplexe $\mathfrak{S}_m$ ($1 < m \leq n$) der Dimension m unter allen anderen Simplexen dadurch ausgezeichnet sind, daß die Normalprojektionen aller ihrer Kanten auf die Geraden g bzw. die Hyperebnen E_{n-1} des Einbettungsraumes E_n eine Quadratsumme besitzen, die nur von der Neigung der Geraden g bzw. der Hyperebene E_{n-1} gegen den Trägerraum E_m des Simplex $\mathfrak{S}_m$ abhängt.

8.

Wir betrachten in einem n-dimensionalen euklidischen Raum E_n zwei lineare Unterräume E_k und E_l mit den Dimensionen k und l. Ferner legen wir in E_k ein orthonormiertes k-Bein mit den Schenkeln $\{\mathfrak{e}_i\}$, $i = 1, 2, \ldots k$, fest und in E_l ein gleichartiges l-Bein, dessen Schenkel durch die Vektoren $\{\mathfrak{f}_j\}$, $j = 1, 2, \ldots l$, gegeben sind. Wir wollen zeigen, daß die Quadratsumme der inneren Produkte

$$N = \sum_{i=1}^{k} \sum_{j=1}^{l} (\mathfrak{e}_i \mathfrak{f}_j)^2 \tag{54}$$

von der besonderen Wahl des k-Beines in E_k bzw. des l-Beines in E_l unabhängig ist. Bezeichnet man nämlich mit φ_{ij} den Winkel, den die beiden Vektoren $\mathfrak{e}_i$ und $\mathfrak{f}_j$ einschließen, so gilt:

$$\cos \varphi_{ij} = \mathfrak{e}_i \mathfrak{f}_j, \qquad (55)$$

woraus

$$N = \sum_{i=1} \sum_{j=1} \cos^2 \varphi_{ij} \qquad (56)$$

folgt. Ist weiters α_i der Neigungswinkel des Vektors $\mathfrak{e}_i$ gegen den linearen Unterraum E_l bzw. β_j der Neigungswinkel des Vektors $\mathfrak{f}_j$ gegen den linearen Unterraum E_k, so gilt (vgl. hiezu Abschnitt 6, Formel 55):

$$\cos^2 \alpha_i = \sum_{j=1}^{l} (\mathfrak{e}_i \mathfrak{f}_j)^2 = \sum \cos^2 \varphi_{ij}. \ i = 1, 2, \ldots k \qquad (57\text{a})$$

bzw.

$$\cos^2 \beta_j = \sum_{i=1}^{k} (\mathfrak{e}_i \mathfrak{f}_j)^2 = \sum_{i=1}^{k} \cos^2 \varphi_{ij}, \ j = 1, 2, \ldots l. \qquad (57\text{b})$$

Für die vorhin eingeführte Quadratsumme N findet man somit die Darstellungen:

$$N = \sum_{i=1}^{k} \cos^2 \alpha_i \qquad \text{bzw.} \qquad N = \sum_{j=1}^{l} \cos^2 \beta_j. \qquad (58\text{a, b})$$

Da $\cos \alpha_i$ von der Wahl des l-Beines in E_l bzw. $\cos \beta_j$ von der Wahl des k-Beines in E_k unabhängig ist, hat die Quadratsumme N — wie eingangs behauptet wurde — dieselben Eigenschaften. Da die Größe N somit nur von der gegenseitigen Lage der linearen Unterräume E_k und E_l abhängt und bei orthogonalen Automorphien (d. h. bei kongruenten Transformationen im E_n) erhalten bleibt, kommt ihr geometrische Bedeutung zu. Wir bezeichnen sie als das „vollständige Neigungsmaß" der beiden linearen Unterräume E_k und E_l. *Der geometrische Gehalt des vollständigen Neigungsmaßes* kann auf folgende Arten interpretiert werden:

a) *Sind in einem n-dimensionalen euklidischen Raum E_n zwei lineare Unterräume E_k und E_l mit den Dimensionen k und l gegeben, so bestimmen wir in E_k ein orthonormiertes k-Bein und in E_l ein l-Bein gleicher Art. Ist weiters φ_{ij} der Neigungswinkel des i-ten Schenkels des*

k-Beins gegen den j-ten Schenkel des l-Beins, so ist das vollständige Neigungsmaß der beiden linearen Unterräume E_k und E_l die Quadratsumme aller Kosinuswerte der Neigungswinkel φ_{ij} (vgl. hiezu Formel 56).

b) *Sind in einem n-dimensionalen euklidischen Raum E_n zwei lineare Unterräume E_k und E_l mit den Dimensionen k und l gegeben, so bestimmen wir in E_k ein orthonormiertes k-Bein und in E_l ein orthonormiertes l-Bein. Ist nun α_i, $i = 1, 2, \ldots k$, der Neigungswinkel des i-ten Schenkels des k-Beins gegen den linearen Unterraum E_l, so ist das vollständige Neigungsmaß der beiden linearen Unterräume E_k und E_l die Quadratsumme der Kosinuswerte der Neigungswinkel α_i. Ist weiters β_j, $j = 1, 2, \ldots l$, der Neigungswinkel des j-ten Schenkels des l-Beines gegen den linearen Unterraum E_k, so stellt auch die Quadratsumme der Kosinuswerte der Neigungswinkel β_j das vollständige Neigungsmaß der linearen Unterräume E_k und E_l dar* (vgl. hiezu Formel 59 a, b).

Aus den durch die Formeln (58 a, b) gegebenen Darstellungen des vollständigen Neigungsmaßes N der linearen Unterräume E_k und E_l folgt, daß das vollständige Neigungsmaß N der Ungleichung:

$$0 \leq N \leq \min(k, l) \qquad (59)$$

genügt. Das vollständige Neigungsmaß 0 bedeutet, daß die beiden Unterräume E_k und E_l zueinander normal sind. Darunter verstehen wir (vgl. hiezu Abschnitt 3), daß der unendlichferne Unterraum von E_k in dem zum unendlichfernen Unterraum von E_l bezüglich der absoluten Fläche konjugierten unendlichfernen Unterraum liegt und umgekehrt. (Wegen dieser Definition des Normalstehens zweier linearer Unterräume vgl. E. Sperner [2], Teil 1, S. 83.) Nimmt ferner das vollständige Neigungsmaß zweier linearer Unterräume E_k und E_l den maximalen Wert $\min(k, l)$ an, so ist der lineare Unterraum mit der kleineren Dimension (etwa E_k) in dem anderen (etwa E_l) enthalten.

Wir wollen nun einige einfache *Eigenschaften des vollständigen Neigungsmaßes* zweier linearer Unterräume anführen. Wie wir in Abschnitt 3 angegeben haben, erfüllen alle durch einen Punkt O gehenden Geraden des E_n, die zu einem linearen k-dimensionalen Unterraum E_k normal sind, selbst einen linearen Unterraum E^*_{n-k} mit der Dimension $n - k$. Sein unendlichferner Unterraum ist bezüglich der absoluten Fläche des Einbettungsraumes E_n zum unendlichfernen Unterraum von E_k konjugiert. Betrachten wir nun im Einbettungsraum E_n ein orthonormiertes n-Bien $\{e_i\}$, $i = 1, 2, \ldots n$, mit der Eigenschaft, daß seine „ersten k-Schenkel" dem E_k angehören. Die Vektoren e_i, $i = k+1, k+2, \ldots n$, bilden dann in dem zum linearen Unterraum E_k normalen Unterraum E^*_{n-k} ein orthonormiertes $(n-k)$-Bein. Ist N das vollständige Neigungsmaß der linearen Unterräume E_k und E_l und M_1 das der linearen Unterräume E^*_{n-k} und E_l, so gilt (auf Grund von Formel 54):

$$N = \sum_{i=1}^{k} \sum_{j=1}^{l} (e_i f_j)^2 \quad \text{und} \quad M_1 = \sum_{i=k+1}^{n} \sum_{j=1}^{l} (e_i f_j)^2, \quad (60\,\text{a, b})$$

woraus

$$N + M_1 = \sum_{j=1}^{l} \sum_{i=1}^{n} (e_i f_j)^2 = l \qquad (61\text{a})$$

folgt. Ist weiters E^*_{n-l} der zu E_l normale Unterraum und M_2 das vollständige Neigungsmaß der linearen Unterräume E^*_{n-l} und E_k, so findet man durch analoge Überlegungen:

$$N + M_2 = \sum_{i=1}^{k} \sum_{j=1}^{n} (e_i f_j)^2 = k, \qquad (61\text{b})$$

Mithin gilt der

Hilfssatz 6: *In einem n-dimensionalen euklidischen Raum E_n seien zwei lineare Unterräume E_k und E_l mit den Dimensionen k und l gegeben, deren vollständiges Neigungsmaß den Wert N hat. Ist E^*_{n-k} der zu E_k normale Unterraum bzw. E^*_{n-l} der zu E_l normale Unterraum, so gilt für das vollständige Neigungsmaß M_1 von E^*_{n-k} gegen E_l*

$$M_1 + N = l \qquad (62\text{a})$$

und für das vollständige Neigungsmaß M_2 von E^*_{n-l} gegen E_k

$$M_2 + N = k. \qquad (62\text{b})$$

Wir bezeichnen nun mit N^* das vollständige Neigungsmaß von E^*_{n-k} und E^*_{n-l}. Auf Grund von Formel (61a) gilt:

$$M_1 + N^* = n - k, \qquad (63)$$

woraus durch neuerliche Anwendung von Formel (61a)

$$N^* - N = n - k - l \qquad (64)$$

folgt.

Somit gilt

Hilfssatz 7: *In einem n-dimensionalen euklidischen Raum E_n seien zwei lineare Unterräume E_k und E_l mit den Dimensionen k und l gegeben, deren vollständiges Neigungsmaß den Wert N hat. Ist weiters E^*_{n-k} der zu E_k normale Unterraum bzw. E^*_{n-l} der zu E_l normale Unterraum, so hat das vollständige Neigungsmaß N^* von E^*_{n-k} und E^*_{n-l} den durch Formel (64) gegebenen Wert.*

Abschließend wollen wir noch das in diesem Abschnitt für Unterräume beliebiger Dimension erklärte vollständige Neigungsmaß mit den in den beiden vorangegangenen Abschnitten 6 und 7 eingeführten Neigungswinkeln einer Geraden bzw. einer Hyperebene der Dimension $n-1$ gegen einen linearen Unterraum E_k (mit der Dimension k) vergleichen. Auf Grund von Formel (58a, b) erkennt man, daß das vollständige Neigungsmaß einer Geraden gegen einen linearen Unterraum E_k nichts anderes ist als das Quadrat des Kosinuswertes ihres Neigungswinkels. Ist nun ψ der (in Abschnitt 7 eingeführte) Neigungswinkel einer Hyperebene E_{n-1} der Dimension $n-1$ gegen den linearen Unterraum E_k mit der Dimension k, so gilt für den Neigungswinkel χ der zu E_{n-1} normalen Geraden g gegen E_k (vgl. hiezu Formel 50a):

$$\cos^2 \psi = 1 - \cos^2 \chi = 1 - N_1, \tag{65}$$

wobei N_1 das vollständige Neigungsmaß der Geraden g gegen den linearen Unterraum E_k bedeutet. Ist ferner N_{n-1} das vollständige Neigungsmaß der Hyperbene E_{n-1} gegen den linearen Unterraum E_k, so gilt auf Grund von Hilfssatz 6:

$$N_1 + N_{n-1} = k, \tag{66}$$

woraus

$$\cos^2 \psi = 1 - k + N_{n-1} \tag{67}$$

folgt.

9.

Wir beweisen zunächst noch den

Hilfssatz 8: *In einem m-dimensionalen linearen Unterraum E_m des n-dimensionalen euklidischen Raumes E_n sei ein System von l Vektoren $\mathfrak{b}_i$, $i = 1, 2, \ldots l$, gegeben, deren Normalprojektionen auf die Geraden g des Einbettungsraumes E_n eine nur vom Neigungswinkel dieser Geraden g* *gegen den „Trägerraum" E_m abhängige Quadratsumme besitzen. Auf Grund von Hilfssatz 4 haben dann die in Rede stehenden Normalprojektionen für alle Geraden des „Trägerraumes" E_m dieselbe Quadratsumme $\overline{Q}$. Ist nun χ der Neigungswinkel einer beliebigen Geraden g des Einbettungsraumes E_n gegen den E_m, so haben die Normalprojektionen der Vektoren $\mathfrak{b}_i$ auf diese Gerade g die Quadratsumme*

$$Q = \overline{Q} \cos^2 \chi. \tag{68}$$

Um den sehr einfachen Beweis zu führen, betrachten wir die Normalprojektionen $\overline{g}$ der Geraden g auf den linearen Unterraum E_m. Die Normalprojektionen der Vektoren $\mathfrak{b}_i$ auf die Gerade $\overline{g}$ haben die Quadratsumme $\overline{Q}$. Auf Grund von Formel (47) ist somit der Beweis erbracht.

Weiters gilt der

Hilfssatz 9: *In einem m-dimensionalen linearen Unterraum E_m des n-dimensionalen euklidischen Raumes sei ein System von l Vektoren $\mathfrak{b}_i$, $i = 1, 2, \ldots l$ gegeben, deren Normalprojektionen auf die Geraden des „Trägerraumes" E_m dieselbe Quadratsumme $\overline{Q}$ besitzen. Projiziert man diese Vektoren normal auf einen linearen Unterraum E_k der Dimension k, so hängt die Quadratsumme Q_k der Normalprojektionen der Vektoren $\mathfrak{b}_i$ nur vom vollständigen Neigungsmaß N der linearen Unterräume E_m und E_k ab.*

Um dies nachzuweisen, betrachten wir im linearen Unterraum E_k ein orthonormiertes k-Bein $\mathfrak{e}_j$, $j = 1, 2, \ldots k$, wobei wir den Neigungswinkel des Schenkels $\mathfrak{e}_j$ gegen E_m mit α_j bezeichnen. Da die Quadratsumme der Normalprojektionen der Vektoren $\mathfrak{b}_i$ auf den Schenkel $\mathfrak{e}_j$ den Wert

$$Q_j{}^0 = \overline{Q} \cos^2 \alpha_j, \ j = 1, 2, \ldots k \tag{69}$$

hat, gilt (vgl. hiezu Formel 58a):

$$Q_k = \sum_{j+1}^{k} Q^0{}_j = \overline{Q} \sum_{j=1}^{k} \cos^2 \alpha_i = Q \cdot N, \tag{70}$$

womit Hilfssatz 9 bewiesen ist.

Anschließend beweisen wir

Hilfssatz 10: *In einem n-dimensionalen linearen Unterraum E_m des n-dimensionalen euklidischen Raumes E_n sei ein System von l Vektoren*

$\mathfrak{b}_i$, $i = 1, 2, \ldots l$, gegeben. Hängt die Quadratsumme ihrer Normalprojektionen auf die linearen Unterräume der Dimension k nur vom vollständigen Neigungsmaß N_k gegen den „Trägerraum" E_m der Vektoren $\mathfrak{b}_i$ ab, so gilt dies in gleicher Weise für alle linearen Unterräume der Dimension $n - k$.

Betrachten wir nämlich einen beliebigen linearen Unterraum E_{n-k} mit der Dimension $n - k$ und bestimmen wir den zu E_{n-k} normalen Unterraum E^*_k (der Dimension k). Sind Q_{n-k} und Q^*_k die Quadratsummen der Normalprojektionen der Vektoren auf den linearen Unterraum E_{n-k} bzw. E^*_k, so gilt:

$$Q_k^* + Q_{n-k} = B, \tag{71}$$

wobei B die Quadratsumme der Längen der Vektoren $\mathfrak{b}_i$ bedeutet. Ist ferner N_{n-k} das vollständige Neigungsmaß von E_{n-k} gegen E_m, so gilt auf Grund des Hilfssatzes 6 für das vollständige Neigungsmaß N_k^* von E_k^* und E_m:

$$N_k^* + N_{n-k} = m, \tag{72}$$

womit die Behauptung bewiesen ist.

Ferner gilt

Hilfssatz 11: *In einem m-dimensionalen linearen Unterraum E_m des n-dimensionalen euklidischen Raumes E_n seien l Vektoren $\mathfrak{b}_i$, $i = 1, 2, \ldots l$, gegeben. Hängt die Quadratsumme der Normalprojektionen dieser Vektoren auf die linearen Unterräume der Dimension k nur von deren vollständigem Neigungsmaß gegen den „Trägerraum" E_m der Vektoren $\mathfrak{b}_i$ ab, so gilt dies in gleicher Weise auch für die Normalprojektionen der Vektoren $\mathfrak{b}_i$ auf die Geraden des Einbettungsraumes E_n.*

Der Beweis verläuft vollkommen analog zu dem des Hilfssatzes 3. Wir können uns wegen der Gültigkeit des Hilfssatzes 10 auf lineare Unterräume der Dimension $k \leq n/2$ beschränken. Deshalb enthält der Hilfssatz 11 erst für $n \geq 4$ eine nicht triviale Aussage. Wir betrachten nun zwei Gerade g und h des Einbettungsraumes E_n, die gegen den Trägerraum E_m dieselbe Neigung besitzen. Ohne Beschränkung der Allgemeinheit können wir g und h als schneidend voraussetzen. Die Verbindungsebene der beiden Geraden g und h besitzt einen normalen Unterraum mit der Dimension

$$n-2 \geq \frac{n}{2} \geq k. \tag{73}$$

Wir greifen nun aus dem zu den Geraden g und h normalen Unterraum E_{n-2} ein orthonormiertes $(k-1)$-Bein heraus; die in seinen Schenkeln liegenden Vektoren $\{\mathfrak{b}_i\}$, $j = 1, 2, \ldots k-1$ sind somit sowohl zur Geraden g als auch zur Geraden h normal. Dieses orthonormierte $(k-1)$-Bein bestimmt mit den Geraden g und h je einen linearen Unterraum E_k bzw. F_k der Dimension k. Beide Unterräume haben in bezug auf den Trägerraum der Vektoren dasselbe vollständige Neigungsmaß, weshalb nach Voraussetzung die Quadratsumme der Normalprojektionen der Vektoren $\mathfrak{b}_i$ auf die beiden linearen Unterräume E_k und F_k übereinstimmt. Damit ist aber dieselbe Aussage auch für die Normalprojektionen der Vektoren $\mathfrak{b}_i$ auf die Geraden g und h bewiesen.

Aus den vorangegangenen Hilfssätzen folgt der

2. Alternativsatz: *In einem m-dimensionalen linearen Unterraum E_m des n-dimensionalen euklidischen Raumes E_n seien l Vektoren $\mathfrak{b}_i$, $i = 1, 2, \ldots l$ gegeben. Die Quadratsumme der Normalprojektionen dieser l Vektoren $\mathfrak{b}_i$ auf die linearen Unterräume E_k von jeweils gleicher Dimension k ($1 \leq k < n$) hängt entweder stets oder nie bloß vom vollständigen Neigungsmaß des linearen Unterraumes E_k gegen den ,,Trägerraum'' E_m der Vektoren $\mathfrak{b}_i$ ab.*

In Verbindung mit dem 2. Alternativsatz folgt aus den Sätzen 7 und 8 der

Satz 15: *In einem m-dimensionalen linearen Unterraum E_m des n-dimensionalen euklidischen Raumes E_n sei ein Simplex $\mathfrak{S}_m$ gegeben. Projiziert man die vom Schwerpunkt S des Simplex $\mathfrak{S}_m$ nach dessen Eckpunkten A_i ($i = 1, 2, \ldots m+1$) weisenden Vektoren $\mathfrak{a}_i = \overrightarrow{SA_i}$ normal auf einen linearen Unterraum E_k mit der Dimension k und hängt die Quadratsumme der Normalprojektionen dieser Vektoren $\mathfrak{a}_i$ nur vom vollständigen Neigungsmaß der linearen Unterräume E_k und E_m ab, so ist der Simplex $\mathfrak{S}_m$ regulär,*

und der

Satz 16: *In einem m-dimensionalen linearen Unterraum E_m des n-dimensionalen euklidischen Raumes E_n sei ein Simplex $\mathfrak{S}_m$ gegeben. Proji-*

ziert man die Kanten des Simplex $\mathfrak{S}_m$ normal auf einen linearen Unterraum E_k mit der Dimension k und hängt die Quadratsumme der Kantenprojektionen nur vom vollständigen Neigungsmaß der linearen Unterräume E_k und E_m ab, so ist der Simplex $\mathfrak{S}_m$ regulär.

Aus den Sätzen 2 und 4 folgt in Verbindung mit Formel (70) der

Satz 17: *In einem m-dimensionalen linearen Unterraum E_m des n-dimensionalen euklidischen Raumes E_n sei ein regulärer Simplex $\mathfrak{S}_m$ gegeben. Projiziert man die von seinem Schwerpunkt S nach den Eckpunkten A_i ($i = 1, 2, \ldots m + 1$) weisenden Vektoren $\mathfrak{a}_i = \overrightarrow{SA_i}$ normal auf einen linearen Unterraum E_k der Dimension k, so haben die Normalprojektionen dieser Vektoren $\mathfrak{a}_i$ die Quadratsumme*

$$\frac{a^2}{2} N,$$

wobei a die Länge der Simplexkante und N das vollständige Neigungsmaß der linearen Unterräume E_m und E_k bedeutet,

und der

Satz 18: *In einem m-dimensionalen linearen Unterraum E_m des n-dimensionalen euklidischen Raumes E_n sei ein regulärer Simplex $\mathfrak{S}_m$ gegeben. Projiziert man seine Kanten normal auf irgendeinen linearen Unterraum E_k des E_n, so hat die Quadratsumme der Kantenprojektionen den Wert*

$$\frac{m+1}{2} a^2 N,$$

wobei a die Länge der Simplexkante und N das vollständige Neigungsmaß der linearen Unterräume E_k und E_m bedeutet.

Zusammenfassend kann festgestellt werden, daß die in einem n-dimensionalen euklidischen Raum E_n enthaltenen regulären Simplexe der Dimension m ($1 < m < n$) unter allen anderen Simplexen gleicher Dimension dadurch ausgezeichnet sind, daß die Quadratsumme der Normalprojektionen ihrer Kanten auf alle linearen Unterräume E_k des Einbettungsraumes E_n nur von der Dimension k des Raumes E_k und vom vollständigen Neigungsmaß des Unterraumes E_k gegen den „Trägerraum" E_m des Simplexes $\mathfrak{S}_m$ abhängt.

Literaturverzeichnis

[1] Jänichen, W.: Aufgabe Nr. 458. El. Math., Bd. **18** (1963), S. 92.
[2] Sperner, E.: Einführung in die Analytische Geometrie und Algebra. Studia mathematica/Mathematische Leitfäden. Vandenhoeck u. Rueprecht, Göttingen 1951.
[3] Paasche, I.: Äquidistante Punkte auf Parallelen, Praxis der Mathematik. Bd. **4** (1962), S. 63—65.
Vgl. hiezu: 3. Lösung der Aufgabe 427 (von R. Bereis). El. Math., Bd. **18** (1963), S. 65.
[4] Lauffer, R., und W. Specht: Lösung der Aufgabe 381 (von I. Paasche). Jber. DMV, Bd. **53** (1960), S. 18—19.

Die in den Sitzungsberichten Abt. I und Abt. II der math.-nat. Klasse der Österr. Akad. d. Wiss. erscheinenden Abhandlungen werden auch einzeln abgegeben. Sie können durch jede Buchhandlung oder direkt durch die Auslieferungsstelle der Österreichischen Akademie der Wissenschaften (Wien I, Singerstraße 12) bezogen werden.

Nachfolgende Abhandlungen aus den Fächern **Meteorologie** und **Geophysik** sind erschienen:

1951 (S IIa, Bd. 160):

Hoinkes H.: Über Nordföhnerscheinungen nördlich des Alpenhauptkammes (mit 13 Abbildungen) 23 Seiten. S 7.—

1952 (S IIa, Bd. 161):

Untersteiner N.: Über Schwankungen der barometrischen Mitteltemperatur an einem tropischen Stationspaar (mit 2 Abbildungen), 11 Seiten. S 9.—

1953 (S IIa, Bd. 162):

Schwarzacher W., Untersteiner N.: Zum Problem der Bänderung der Gletschereises (mit 14 Abbildungen). S 23.40

1955 (S II, Bd. 164):

Ambach W.: Über die Strahlungsdurchlässigkeit des Gletschereises (mit 4 Abbildungen). S 7.—
Dirmhirn Inge: Über Strahlungsmessungen auf einer Reise durch Norwegen (mit 2 Abbildungen). S 12.50

GPSR Compliance
The European Union's (EU) General Product Safety Regulation (GPSR) is a set of rules that requires consumer products to be safe and our obligations to ensure this.

If you have any concerns about our products, you can contact us on

ProductSafety@springernature.com

In case Publisher is established outside the EU, the EU authorized representative is:

Springer Nature Customer Service Center GmbH
Europaplatz 3
69115 Heidelberg, Germany

www.ingramcontent.com/pod-product-compliance
Ingram Content Group UK Ltd.
Pitfield, Milton Keynes, MK11 3LW, UK
UKHW022233230426
12048UKWH00017BA/1231